Sitzungsberichte
der Heidelberger Akademie der Wissenschaften
Mathematisch-naturwissenschaftliche Klasse
Jahrgang 1929. 4. Abhandlung.

Gletscherbeobachtungen am Vadret Lischanna (Unterengadin).

Von

Wilhelm Salomon
in Heidelberg.

Mit 2 Abbildungen.

Eingereicht am 16. Februar 1929.

Berlin und Leipzig 1929

Walter de Gruyter & Co.

vormals G. J. Göschen'sche Verlagshandlung / J. Guttentag, Verlagsbuchhandlung / Georg Reimer / Karl J. Trübner / Veit & Comp.

Gletscherbeobachtungen am Vadret Lischanna (Unterengadin).

Dank einer Unterstützung der Heidelberger Akademie der Wissenschaften, der ich auch an dieser Stelle meinen besten Dank ausspreche, hatte ich im Sommer 1928 Gelegenheit, Untersuchungen über arktische Böden im Unterengadin vorzunehmen. Darüber wird an anderer Stelle berichtet werden.[1]) Hier seien nur einige Beobachtungen mitgeteilt, die ich bei den Begehungen am Vadret Lischanna über die Texturen dieses kleinen Hängegletschers machte. Der Gletscher ist nur etwa 500—750 m lang, aber ungefähr zwei Kilometer breit. Seine Abdachung ist im wesentlichen gegen Osten gerichtet. Einzelheiten sind aus den Blättern Tarasp und Scarl in 1:50000 des Schweizer Siegfriedatlasses oder aus der in Schuls-Tarasp käuflichen „Exkursionskarte von Schuls-Tarasp-Vulpera" in 1:25000 zu erkennen. Der südliche Teil des Lischannagletschers trägt auf dem Blatte Scarl die Bezeichnung „Vadret da Rims". Sein südlichstes Stück wird durch einen nach Osten vorspringenden Felsgrat in seinem oberen Teile von dem Hauptgletscher abgetrennt. An seiner Ostseite befinden sich drei kleine Seen, die „Lais dell'Aua". Der westlichste und größte von ihnen liegt in einer Meereshöhe von 2857 m unmittelbar neben der Fuorcla dell'Aua, dem nicht selten benutzten Übergange vom Lischannagletscher in das Sesvennatal. Ich nenne ihn daher zum Unterschied von den anderen den „Lais della Fuorcla". In diesen etwa 250 m langen und 100 m breiten See bricht der Gletscher an der ganzen Längsseite mit einer senkrechten, hohen Wand ab, von der von Zeit zu Zeit gewaltige Eisschollen hineinstürzen und fortschwimmen. Ein kleiner Schmelzwasserbach stürzte als Wasserfall über die Wand herunter. Das ganze erinnert außerordentlich an den Märjelensee am Aletschgletscher und gehört zu den schönsten Landschaftsbildern, die ich auf zahllosen Wanderungen in den Alpen gesehen habe.

Schon bei der Überschreitung des Gletschers von Westen nach Osten und dann wieder von Norden nach Süden zu dem See war mir aufgefallen, daß die Oberfläche des Eises vielfach einen treppenförmigen Aufbau hatte (siehe Fig. 1). Ich hebe hervor, daß es der 9te August eines

---

[1]) In der fünften (dieser folgenden) Abhandlung.

ungewöhnlich heißen Sommers und daß der Gletscher so gut wie vollständig ausgeapert war. Man konnte daher eine Menge Einzelheiten sehen, die man vielleicht in anderen Sommern oder früher im Jahre nicht so gut hätte wahrnehmen können. In der Eiswand war nun ohne weiteres zu erkennen, daß die treppenförmigen Absätze der flachen Gletscheroberfläche von zahlreichen Scheerflächen herrühren, wie sie PHILIPP in einer Reihe von Arbeiten ganz genau beschrieben und ihrer Bedeutung nach gewürdigt hat.[1]) Sie ziehen von der Gletscheroberfläche in die senkrechte Eiswand hinein und sind mit Blaublättern verbunden. Die ganze Weglänge des Gletschers beträgt an dieser Stelle etwa 500 m. Er steigt von etwa 3000 auf 2857 m herab. Diese geringe horizontale und vertikale Strecke reicht also aus um die Scherflächen und Blaublätter zu erzeugen. Allerdings machte es mir den Eindruck, als ob wenigstens ein Teil der Scherflächen alten Firnschichtoberflächen folge, die durch Verunreinigungen die Kohäsion der Masse verringert hätten. Von besonderer Bedeutung ist es aber nun, daß, wie es Bild Fig. 2 zeigt[2]), die Scherflächen und Blätter in der Wand zu mehreren Faltensystemen gestaut und durch mindestens drei (? 5) neue Scherflächen schief durchschnitten sind. Dabei sind die linken höheren Schollen immer über die rechten niedrigeren und stromabwärts gelegenen Schollen überschoben. Die neuen Scherflächen tragen also den Charakter von Überschiebungen. Die Falten sind unsymmetrisch und nach rechts übergelegt. Auch PHILLIPP beschrieb in der Arbeit von 1928, S. 71 die Erscheinung, daß neue Scherflächen ältere Texturen zerschneiden, schleppen und biegen.

Auch wenn meine Annahme zutrifft, daß am Lischannagletscher teilweise alte Firnschichtoberflächen zu Scherflächen umgebildet wurden, ist es doch klar, daß sie bei größerer Weglänge sehr rasch zerstört werden würden. Neue, von der alten Firnschichtung ganz unabhängige Scherflächen würden an ihre Stelle treten. Dabei scheint der Lischannagletscher in dem in Betracht kommenden Teil sehr einfache Bodenformen zu

---

[1]) Untersuchungen über Gletscherstruktur und Gletscherbewegung. Geol. Rundschau V. 1914. S. 235—239. — Ergebnisse der W. FILCHNERschen Vorexpedition nach Spitzbergen. PETERMANNS Mitteilungen. 1914. Ergänzungsheft 179. — Geol. Untersuch. über den Mechanismus der Gletscherbewegung und die Entstehung der Gletschertextur. Neues Jahrbuch f. Min. Beilageband 43, 1920. S. 439—556. — Neuere Beobachtungen zur Mechanik der Gletscher. PETERMANNS Mitteilungen. 1928 S. 7—12 und 71—74. — In diesen Arbeiten ist auch die übrige Literatur, vor allen Dingen Hamberg angegeben.

[2]) Die Bilder sind von meinem Sohne Helmut aufgenommen. Leider war die Wand beschattet, so daß die Einzelheiten ohne Nachhilfe nicht deutlich erkennbar wären.

haben. Denn es waren dort kaum Spalten erkennbar. Die Zerstörung alter Scherflächen und ihre Ersetzung durch neue würde sich in einem Gletscher von größerer Weglänge und unregelmäßigerer Form des Untergrundes noch viel vollständiger vollziehen.

Durch die Verbiegung und Verwerfung der Scherflächen erklärt es sich nun auch, daß weiter im Norden die Oberfläche der tieferen Teile des Gletschers ganz merkwürdige kreisförmige und elliptische Figuren aufweist, die besonders von oben gesehen sehr auffällig waren. Es sind die Durchschnitte der Gletscheroberfläche mit den zu Schüsseln verbogenen Scherflächen.

Bei der Bedeutung, die die PHILLIPPschen Beobachtungen nicht nur für die Mechanik der Gletscherbewegung, sondern auch für die Bewegung erstarrender Schmelzflüsse haben[1]), schien es mir richtig, meine durch einen glücklichen Zufall zustande gekommenen Feststellungen kurz wiederzugeben.

Übrigens sah ich bei der dritten Traversierung des Gletschers von dem Lais della Fuorcla nach NNW, daß der Vadret del Piz Dimmez in den östlichsten der drei Lais dell'Aua ebenfalls mit einer ähnlichen Wand abbricht. Ich konnte aber leider nicht mehr zurück, da die Zeit zu vorgeschritten war und ich noch an demselben Nachmittag den Piz Lischanna besteigen mußte.

---

[1]) H. PHILIPP, Beitrag zur Kenntnis der Bewegungsvorgänge in hochviskosen geologischen Flüssigkeiten. Zentralblatt f. Min. 1921. S. 679–687.

H. CLOOS (Bau und Bewegung der Gebirge in Nordamerika, Skandinavien und Mitteleuropa, Berlin, Bornträger 1928), weist solche Scherflächen in den Plutonen nach und zitiert sie aus Untersuchungen von R. Balk. Er nennt sie Randaufschiebungen (S. 257–259). Aber auch seine „Zugklüfte" könnte man hierher rechnen. Sagt er doch von ihnen wörtlich: „Die Zugwirkung, welche sie öffnet, entspringt aus der Verzögerung, welche der Massenaufstieg von seiten seines Rahmens erfährt." (S. 253.) Das entspricht aber genau der Verzögerung, welche das strömende Eis an seiner Unterlage oder an seinen Seitenwänden erleidet. Nur sind die Viskositätsverhältnisse verschieden; und es fehlt in den Plutonen die Regelation.

Figur 1.

Abbruch des südlichsten Teiles des Lischannagletschers in den Lais della Fuorcla. Die den Blaublättern entsprechenden Scherflächen des Gletschers bilden auf der flachen Eisoberfläche Treppen, deren obere Stufen immer die Neigung haben, sich über die unteren hinüberzuschieben. Sie setzen sich in die steile Abbruchwand fort.

Figur 2.

Nördliche Fortsetzung des Bildes Nr. 1. Die weißen Striche sind in die infolge der Beschattung der Wand undeutliche Photographie nachträglich eingezogen. Ich bin nicht ganz sicher, ob die Striche 3 und 5 wirklich an Ort und Stelle erkennbar waren. Die schwarzen Striche verstärken den Helligkeitsunterschied der Blaublätter.